# NOVOS DINOS
## DO BRASIL

ESCANEIE ESSE QR CODE PARA DESCOBRIR NOSSA GAVETA DIGITAL PALEONTOLÓGICA! LÁ VOCÊ ENCONTRARÁ MATERIAIS COMPLEMENTARES PARA A IMERSÃO NO UNIVERSO DOS DINOSSAUROS.
OU ACESSE WWW.EDITORAPEIROPOLIS.COM.BR/DINOSSAUROS

Luiz E. Anelli

Ilustrações
Julio Lacerda

# NOVOS DINOS DO BRASIL

Outras boas histórias
com a descoberta de
novos dinossauros

EDITORA
Peirópolis

Para Celina, a C, parceira com quem
divido as minhas aventuras no
mundo dos dinossauros.

# SUMÁRIO

**Introdução 8**

### OS DINOS GAÚCHOS 24
Pampadromeus **26**
Gnatovorax **28**
Buriolestes **30**
Bagualossauro **32**
Nhandumirim **34**
Macrocolo **36**
Nodossauro **38**

### OS DINOS DA PARAÍBA 40
Triunfossauro **42**
Ornitópode **44**
Terópode **46**

### OS DINOS DO CEARÁ 48
Cratoave **50**
Aratassauro **52**
Megarraptor **54**

### OS DINOS DO MARANHÃO 56
Itapeuassauro **58**
Carcarodontossaurídeo **60**
Oxalaia **62**

### O DINO DO PARANÁ 64
Vespersauro **66**

### OS DINOS DE MINAS 68
Noassaurídeo **70**
Megarraptor **72**
Spectrovenator **74**

### OS DINOS PAULISTAS 76
Brasilotitã **78**
Austroposseidon **80**
Thanos **82**
Celurossauro **84**
Ornitópode **86**

**Sobre os autores 92**

# A PAISAGEM ANTERIOR MOSTRA O BRASIL 235 MILHÕES DE ANOS ATRÁS, QUANDO A LONGA HISTÓRIA DOS DINOSSAUROS ESTAVA SÓ COMEÇANDO.

Nesse tempo, os grandes predadores e comedores de plantas eram outros. Os dinossauros ainda eram pequeninos e viviam assustados. Eles comiam as plantas que sobravam, insetos e outros pequenos animais. Começar nem sempre é fácil, e para os dinossauros também não foi. Como eram insignificantes, ninguém ligava para eles. Mas espere dois ou três milhões de anos e você verá, pois logo crescerão e dominarão os continentes.

Os dinossauros nos contam uma boa parte da nossa pré-história. Vire as páginas deste livro e veja o que a natureza guardou nas rochas, mistérios que os paleontólogos brasileiros não cansam de nos revelar.

# NOVOS DINOS DO BRASIL

Não pense que estudar dinossauros é um trabalho simples,
pois não é. Encontrar esqueletos, coletar um grande bloco,
levá-lo ao laboratório, retirar cada osso da rocha e estudar um
animal extinto está entre os trabalhos mais complicados do mundo.
É difícil encontrá-los porque nem todos os dinossauros que
existiram foram petrificados nas rochas.
De cada mil, só um fossilizou e, de cada mil fossilizados, só um
é descoberto pelos paleontólogos. Parece pouco, e é mesmo,
mas, quando pensamos que eles existiram por quase 170 milhões
de anos, os números tornam-se admiráveis.

Transportar um bloco de rocha de 500
quilos até o laboratório é trabalhoso,
e retirar grão por grão da rocha que
envolve o esqueleto até
que restem somente os
ossos pode demorar anos.

Então, para saber se o novo fóssil pertenceu ou não a uma espécie diferente, o paleontólogo precisa visitar vários museus pelo mundo afora onde estão guardados outros esqueletos encontrados em rochas de mesma idade. Osso por osso é examinado e comparado até que um veredito será dado.

# UFA!

Foi assim que os paleontólogos descobriram as 1.300 espécies de dinossauros conhecidas no mundo, 47 delas no Brasil. No primeiro livro, o *Dinos do Brasil,* você conheceu 23 espécies. Neste livro você conhecerá outras 24. Destas, sete já haviam sido descobertas antes de 2011, mas eram conhecidas apenas por suas pegadas ou dentes, e não sabíamos muito bem como se pareciam. Agora já sabemos. Vamos conhecê-las. Você ainda descobrirá a nova forma como os paleontólogos enxergam hoje o gigante Oxalaia.

## VIVA OS DINOSSAUROS DO BRASIL!

# A ÁRVORE GENEALÓGICA DOS DINOS DO BRASIL

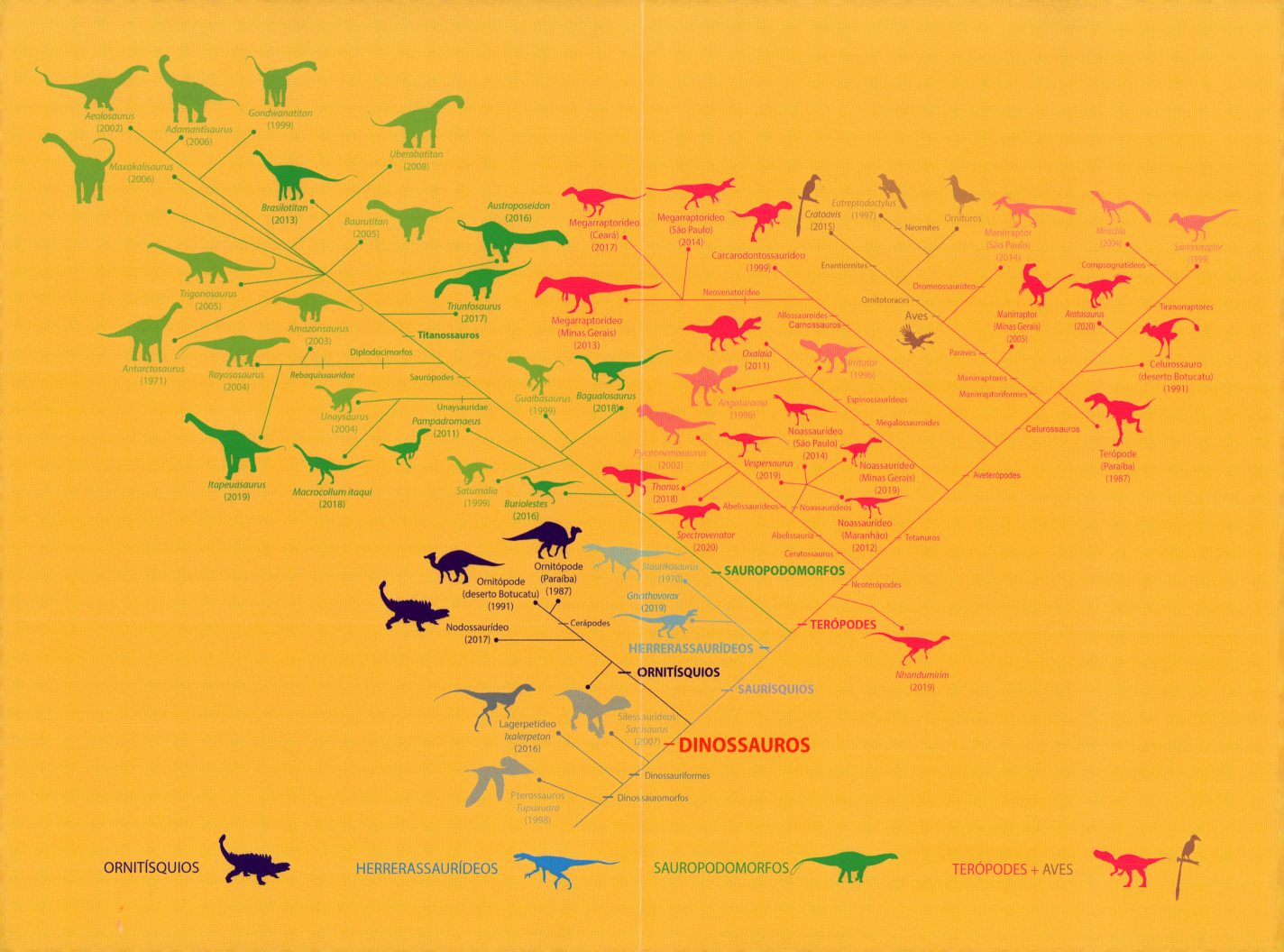

# NESTA ÁRVORE ESTÃO TODOS OS DINOSSAUROS CONHECIDOS NO BRASIL.

Eles estão reunidos segundo seus ramos: o dos Ornitísquios (azul), herbívoros muito raros por aqui, conhecidos só pelas pegadas que deixaram; o dos Saurísquios, como os Sauropodomorfos (verde), imensos pescoçudos; os raros Herrerassaurídeos (azul-claro), que incluem os primeiros dinossauros predadores; e os supercaçadores Terópodes (lilás), o único ramo com representantes ainda vivos (laranja). Você encontrará o nome de cada um deles e o ano em que foram oficialmente batizados. Em destaque estão os novos dinossauros que você conhecerá neste livro. Todos os outros estão no primeiro livro, o *Dinos do Brasil*.

# NÃO ESTRANHE SE O SACISSAURO APARECE ACIMA OU ABAIXO DO RAMO DOS DINOSSAUROS.

Para alguns paleontólogos, ele ainda é apenas um ancestral muito próximo dos dinossauros. Mas, para outros, ele pode, sim, ser considerado um dinossauro Ornitísquio.
Repare que as aves (marrom) surgiram de um dos ramos dos dinossauros. Elas nasceram no período Jurássico, quando pequenos terópodes emplumados aprenderam a usar as penas para voar. Elas sobreviveram à grande extinção provocada pela queda do asteroide porque tinham um bico para procurar alimento no solo, um papo para armazenar sementes e eram capazes de voar. Sim, as aves são dinossauros sobreviventes!
Você conhecerá neste livro a Cratoave, o mais antigo dinossauro voador da era dos dinossauros já descoberto no Brasil.

# DINOS NO BRASIL

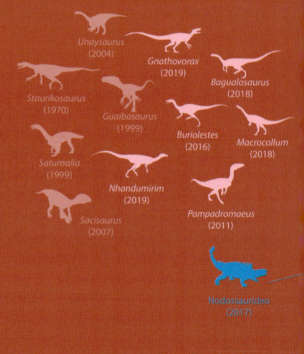

Triássico

# O MAPA MOSTRA ONDE FORAM ENCONTRADOS ESQUELETOS DE DINOSSAUROS NO BRASIL.

Por 170 milhões de anos, eles nasceram, cresceram, fizeram cocô e xixi, construíram ninhos e morreram em todos os cantos do Brasil. Mas seus esqueletos não estão por toda parte, e isso tem uma explicação. Nem todos os lugares guardaram os ossos dos animais que morreram. Para se tornar fóssil, um esqueleto precisava ser rapidamente protegido. Isso só acontecia em regiões mais baixas, onde a lama e a areia trazidas pelos rios ou pelo vento se acumulavam.

Por milhões de anos, camadas e camadas de lama e de areia foram empilhadas, protegendo os esqueletos. Assim nasceram as rochas e, dentro delas, ficaram os esqueletos petrificados.

Mas não foi só isso. Não é possível encontrar esqueletos se uma espessa camada de rocha estiver sobre eles.

Outros milhões de anos se passaram e o contrário aconteceu. Forças geológicas trouxeram de volta à superfície as rochas que ficaram por baixo. São as manchas coloridas neste mapa do Brasil.

# E COM AS ROCHAS VIERAM OS ESQUELETOS.

As manchas com cores diferentes no mapa do Brasil representam as rochas dos três períodos geológicos onde os fósseis de dinossauros podem ser encontrados: o Triássico, o Jurássico e o Cretáceo.

## VEJA SE SUA CASA FICA PERTO DE ALGUMA DESSAS REGIÕES.

# OS DINOS GAÚCHOS

# PAMPADROMEUS

## VUMM! VIU O PAMPADROMEUS? ELE ACABOU DE PASSAR.

Pampadromeus foi o dinossauro mais rápido do seu tempo. Naquela época, os dinossauros não eram os bambambãs e por isso tinham que se virar. Ser rápido era uma das formas de se livrarem dos predadores. Mas ser veloz também os ajudava a capturar seu alimento voador!

Pequenino, e com braços reduzidos, Pampadromeus não passava de 15 quilos. E, mais importante, quase todos os seus ossos eram pneumáticos, isto é, ocos, cheios de ar. Em fuga, ou atrás de uma presa, este dino podia acelerar até 60 quilômetros por hora.

Mas esse velocista tinha outro segredo, herança dos seus ancestrais. Na base da sua cauda, ligados às suas pernas, existiam músculos poderosos que o impulsionavam nas corridas. Pernas, para que te quero!

### Nome científico
*Pampadromaeus barberenai*

### Significado do nome
Pampadromeus significa "corredor dos pampas". Barberenai é uma homenagem a um importante paleontólogo gaúcho chamado Mário C. Barberena.

### Onde foi encontrado
Sítio paleontológico Várzea do Agudo, cidade de Agudo.

### Formação geológica
Formação Santa Maria

### Idade
Triássico Superior, 233 milhões de anos

### Comprimento
1,5 metro

# GNATOVORAX

## UM SUPERCAÇADOR!

Antes dos
poderosos terópodes,
outro grupo de dinossauros
predadores prosperou no sul do Pangea:
os herrerassaurídeos. Entre eles estavam os brasileiros
Gnatovorax e Estauricossauro. Bípedes velozes, de até 3 metros de
comprimento, herrerassaurídeos como esses apavoraram outros animais por
33 milhões de anos, até que foram extintos no final do período Triássico.

### Nome científico
*Gnathovorax cabreirai*

### Significado do nome
Gnatovorax significa "mandíbula devoradora". Cabreirai é uma homenagem ao importante paleontólogo gaúcho Sérgio F. Cabreira.

### Onde foi encontrado
Sítio paleontológico Marchezan, cidade de São João do Polêsine.

### Formação geológica
Formação Santa Maria

### Idade
Triássico Superior, 233 milhões de anos

### Comprimento
3 metros

Não era à toa que nesse tempo nossos ancestrais mamíferos viviam em tocas ou dentro de troncos ocos. Assustados, saíam apenas durante as noites para caçar insetos, aranhas e lesmas.

Foi também nessa época que alguns répteis aprenderam a voar: os pterossauros. Já outros animais foram viver nos rios e nos oceanos, e deram origem a répteis marinhos chamados ictiossauros.

Com dinossauros como Gnatovorax por toda parte, a saída para alguns bichos foi morar em outro lugar, ou então mudar o estilo de vida.

# BURIOLESTES

Buriolestes foi o tatara-tatara-tatara (e muitas vezes mais) tataravô dos ilustres gigantes-pescoçudos-quadrúpedes-herbívoros que viveram no final da era Mesozoica. Ele é um representante tão longínquo dessa linhagem de gigantes, que nem compartilhava as mesmas características; ao contrário, era pequeno, tinha pescoço curto, era bípede e carnívoro. Lembrava mais seus pequeninos ancestrais protodinossauros do que seus descendentes gigantescos. Embora minúsculo, podia se orgulhar de ser o começo do mundo dos gigantes.

### Nome científico
*Buriolestes schultzi*

### Significado do nome
"O ladrão de Buriol". Uma homenagem à família Buriol, proprietária das terras onde os fósseis foram encontrados. Schultzi é uma homenagem ao importante paleontólogo gaúcho Cezar Schultz.

### Onde foi encontrado
Sítio paleontológico de Buriol, cidade de São João do Polêsine.

### Formação geológica
Formação Santa Maria

### Idade
Triássico Superior, 230 milhões de anos

### Comprimento
1,5 metro

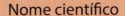

**ACREDITE: QUANDO OS PALEONTÓLOGOS ABRIRAM SEU TÚMULO ROCHOSO, OUTRO ANIMAL ESTAVA AO SEU LADO, O IXALERPETON, UM PROTODINOSSAURO.**

Nunca um dinossauro e um protodinossauro haviam sido encontrados juntos em rochas tão antigas. Foi de animais como o Ixalerpeton que evoluiu o primeiro dinossauro. Por isso, os protodinossauros também podiam se orgulhar dos seus ilustres descendentes.

31

# BAGUALOSSAURO

Os fósseis do Bagualossauro foram encontrados num verdadeiro cemitério pré-histórico. Vários esqueletos de dinossauros e de outros bichos foram descobertos nesse mesmo sítio paleontológico.

Isso aconteceu porque um rio passava pela região onde viviam. Para um animal herbívoro, era ótimo viver em um lugar assim, onde nunca faltava água e, portanto, onde cresciam muitas plantas! Naquele tempo não havia muitas florestas, e o jeito era compartilhar o espaço.

32

### Nome científico
*Bagualosaurus agudoensis*

### Significado do nome
Bagualossauro significa "lagarto grandalhão" porque até a época da sua descoberta era o maior dinossauro conhecido na região. Agudoensis é uma homenagem à cidade de Agudo.

### Onde foi encontrado
Sítio paleontológico Várzea do Agudo, cidade de Agudo.

### Formação geológica
Formação Santa Maria

### Idade
Triássico Superior, 230 milhões de anos

### Comprimento
2,5 metros

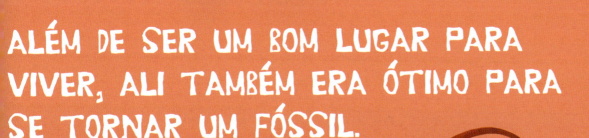

# ALÉM DE SER UM BOM LUGAR PARA VIVER, ALI TAMBÉM ERA ÓTIMO PARA SE TORNAR UM FÓSSIL.

Uma vez por ano o rio transbordava e trazia lama e areia para a vasta planície à sua volta. Ano após ano, novas camadas de lama e areia chegavam e protegiam os esqueletos que estavam por ali. Permeados de líquidos carregados de minerais ao longo de milhares de anos, os ossos foram petrificados e transformados em fósseis. Sorte dos paleontólogos, sorte sua, e sorte do Bagualossauro, que viverá para sempre neste livro e na nossa imaginação.

# NHANDUMIRIM

Se os paleontólogos estiverem certos, o Nhandumirim é o dinossauro terópode mais antigo do mundo. Terópodes foram temidos caçadores, como os famosos Velocirráptor, Tiranossauro rex, e tantos outros. Só que o Nhandumirim é o tataravô deles.
Outro tataravô gaúcho!

As rochas do Rio Grande do Sul têm tantos tataravós porque são muito antigas. Para os dinossauros, foi ali que tudo começou... Um verdadeiro berçário dinossauriano!

Até pouco tempo atrás, os dinossauros considerados mais antigos do mundo estavam na Argentina, em rochas de 231 milhões de anos de idade. Hoje sabemos que as rochas gaúchas são mais velhas; só 2 milhões de anos; mas isso conta muito!

# AO MENOS POR ENQUANTO, OS DINOSSAUROS TERÓPODES MAIS ANTIGOS DO MUNDO SÃO DO... BRASIIIIILLLL!

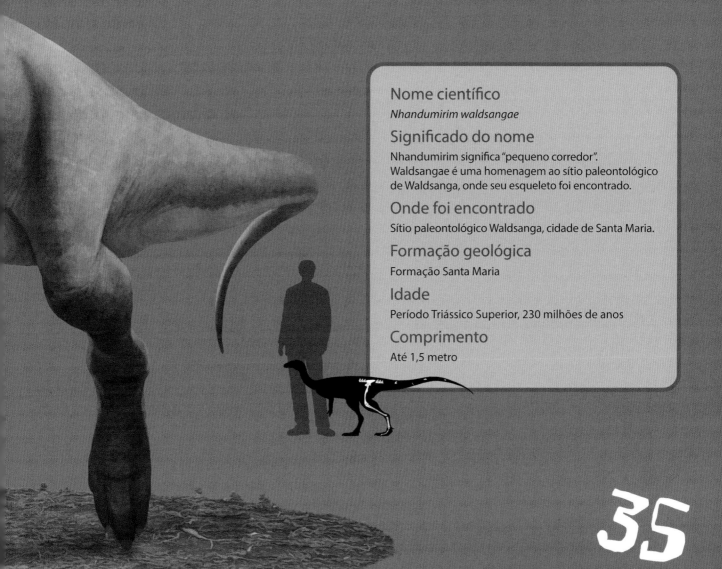

### Nome científico
*Nhandumirim waldsangae*

### Significado do nome
Nhandumirim significa "pequeno corredor". Waldsangae é uma homenagem ao sítio paleontológico de Waldsanga, onde seu esqueleto foi encontrado.

### Onde foi encontrado
Sítio paleontológico Waldsanga, cidade de Santa Maria.

### Formação geológica
Formação Santa Maria

### Idade
Período Triássico Superior, 230 milhões de anos

### Comprimento
Até 1,5 metro

# MACROCOLO

Macrocolo foi o primeiro dinossauro pescoçudo. Seu pescoço era duas vezes maior do que o dos outros dinossauros de sua época, quando encontrar comida era muito mais difícil do que chegar em casa, sentar-se à mesa e se servir.
Por isso, alcançar os ramos mais altos das árvores deu a ele uma enorme vantagem. Para o Macrocolo, quando a fome apertava, as folhas mais altas estavam sempre ali: e ele nem precisava pular para pegar!

Macrocolo foi o primeiro dinossauro a andar em turma, um modo eficiente de se proteger. Mexeu com um, mexeu com todos!

Os paleontólogos sabem disso porque o bloco de rocha onde ele foi encontrado tinha esqueletos de outros dois parceiros. Se morreram juntos, é porque também andavam juntos.

### Nome científico
*Macrocollum itaquii*

### Significado do nome
Macrocolo significa "pescoço grande". Itaqui é uma homenagem ao José Jerundino Machado Itaqui, principal criador do Centro de Apoio à Pesquisa Paleontológica da Quarta Colônia/ Universidade Federal de Santa Maria, na cidade de São João do Polêsine, Rio Grande do Sul.

### Onde foi encontrado
Sítio paleontológico de Wachholz, cidade de Agudo.

### Formação geológica
Formação Caturrita

### Idade
Triássico Superior, 225 milhões de anos

### Comprimento
3,5 metros, 100 quilos

# DE DINOSSAUROS COMO O MACROCOLO EVOLUÍRAM OS DINOSSAUROS PESCOÇUDOS, OS MAIORES ANIMAIS QUE JÁ HABITARAM OS CONTINENTES.

# NODOSSAURO

O período Jurássico é o mais famoso da era Mesozoica, tempo do qual conhecemos apenas uma única espécie de dinossauro brasileiro. Foram 55 milhões de anos! É muito tempo para pouco dinossauro!

Mas isso não quer dizer que os dinossauros não existiam aos montes pelo Brasil. Eles existiam, sim! O problema é que os esqueletos não eram protegidos, pois não havia grandes depressões onde lama e areia pudessem se acumular sobre eles. Assim, os ossos dos animais que morriam aqui e ali eram destruídos pela chuva, pelo vento e pelos animais carniceiros.

### Nome científico
*Ankylosauria Nodosauridae*

### Significado do nome
"Dinossauro com nódulos", devido às várias protuberâncias óssea e espinhos no seu corpo.

### Onde foi encontrado
Sítio paleontológico Morro Torneado, cidade de Rosário do Sul.

### Formação geológica
Formação Guará

### Idade
Jurássico Superior, 150 milhões de anos

### Comprimento
3,5 metros

# A GEOLOGIA NEM SEMPRE GUARDOU A HISTÓRIA DO MUNDO E DA VIDA.

E esse nodossaurídeo nem deixou ossos, mas apenas uma trilha de pegadas. Melhor que nada! Graças aos olhos treinados de um paleontólogo, sabemos que esse tipo de dinossauro viveu no Brasil no período Jurássico. Talvez seu esqueleto esteja guardado por aí, mas ainda não o descobrimos. Vai saber...

# OS DINOS DA PARAÍBA

# TRIUNFOSSAURO

Só alguns fragmentos de ossos do Triunfossauro foram encontrados. Na Paraíba é assim, uma região onde ossos de dinossauros são muito raros. Mas, para o paleontólogo, um pequeno osso tem grande valor, até mesmo um minúsculo caco.

Triunfossauro foi um titanossauro, o tipo de dinossauro mais comum da América do Sul durante o período Cretáceo. Foi dessa linhagem que, na Argentina, nasceram gigantes como o Argentinossauro e o Patagotitã, que chegavam a 40 metros de comprimento.

Mas o Triunfossauro não cresceu tanto, talvez porque a região onde morava fosse muito árida. Lugares áridos nunca oferecem muito alimento, especialmente para grandes animais herbívoros. Então, tiveram que improvisar. Os dinossauros resolveram a falta de alimento crescendo pouco; sendo menores, não precisavam comer tanto. Ainda assim, Triunfossauro foi maior que qualquer bicho terrestre de hoje.

## QUAL É MESMO O MAIOR BICHO TERRESTRE DE HOJE?

### Nome científico
*Triunfosaurus leonardii*

### Significado do nome
Triunfossauro é uma homenagem à bacia sedimentar de Triunfo, onde os ossos foram encontrados. Leonardii é uma homenagem ao famoso paleontólogo de pegadas Giuseppe Leonardi.

### Onde foi encontrado
Sítio paleontológico da Fazenda Areias, cidade de Triunfo.

### Formação geológica
Formação Rio Piranhas

### Idade
Cretáceo Inferior, 125 milhões de anos

### Comprimento
13 metros

43

# ORNITÓPODE

Achar ossos de dinossauros na Paraíba é mais difícil que encontrar um paleontólogo!
São poucos ossos, é verdade, mas pegadas não faltam. Como sempre, para um cientista, qualquer sinal é valioso.

A maior trilha conhecida lá foi deixada por um grande dinossauro. Ninguém sabe quais eram suas cores, para onde estava indo, ou se era dia ou noite quando passou por ali. Mas, estudando o tamanho das pegadas, o número de dedos e a idade da rocha onde estavam, os paleontólogos aprenderam muitas coisas.

Naquele mesmo tempo, um dinossauro africano tinha patas muito semelhantes às pegadas encontradas na Paraíba. Era o Ouranossauro. As rochas africanas onde seu esqueleto foi encontrado têm a mesma idade das rochas da Paraíba.

**Nome científico**
*Ornithischia Ornithopoda*

**Significado do nome**
"Pata de ave".

**Onde foi encontrado**
Sítio paleontológico Passagem das Pedras, cidade de Sousa.

**Formação geológica**
Formação Sousa

**Idade**
Cretáceo Inferior, 125 milhões de anos

**Comprimento**
7 metros

E mais, era o tempo do supercontinente Ameráfrica, quando a América do Sul e a África ainda estavam unidas. Quem sabe os Ouranossauros vinham de lá para cá, ou iam de cá para lá, para acasalar, procurar alimento, ou então fugir de predadores, e por isso deixavam pegadas por toda parte?

ALIÁS, VOCÊ JÁ SE ENCONTROU COM UM PALEONTÓLOGO?

45

# TERÓPODE

A vida era difícil no Cretáceo. Com dinossauros terópodes por perto, sempre foi. Na Paraíba não era diferente. Bastava descuidar um pouco e... clomp! Dois ou três carnívoros atacavam o distraído. A vida dos animais sempre foi assim. Para as presas, era correr ou morrer. Para os predadores, era caçar ou morrer de fome. Na Paraíba, não são ossos, mas pegadas que nos contam as histórias.

## PEGADAS, COMO ASSIM? COMO É POSSÍVEL GUARDAR PEGADAS POR 125 MILHÕES DE ANOS SEM QUE SEJAM APAGADAS?

**Nome científico**
*Saurischia Theropoda*

**Significado do nome**
"Pata fantástica".

**Onde foi encontrado**
Cidade de Sousa, sítio paleontológico Passagem das Pedras.

**Formação geológica**
Formação Sousa

**Idade**
Cretáceo Inferior, 125 milhões de anos

**Comprimento**
5 metros

A explicação é a mesma de sempre: camadas e camadas de lama e areia as protegeram e, milhões de anos mais tarde, foram transformadas em rocha, e ponto-final.

Outros milhões de anos mais tarde, rios que passaram pela região desgastaram as rochas até as pegadas ficarem aparentes na superfície. O resto você já sabe: um paleontólogo passava por lá e *blá-blá-blá*...

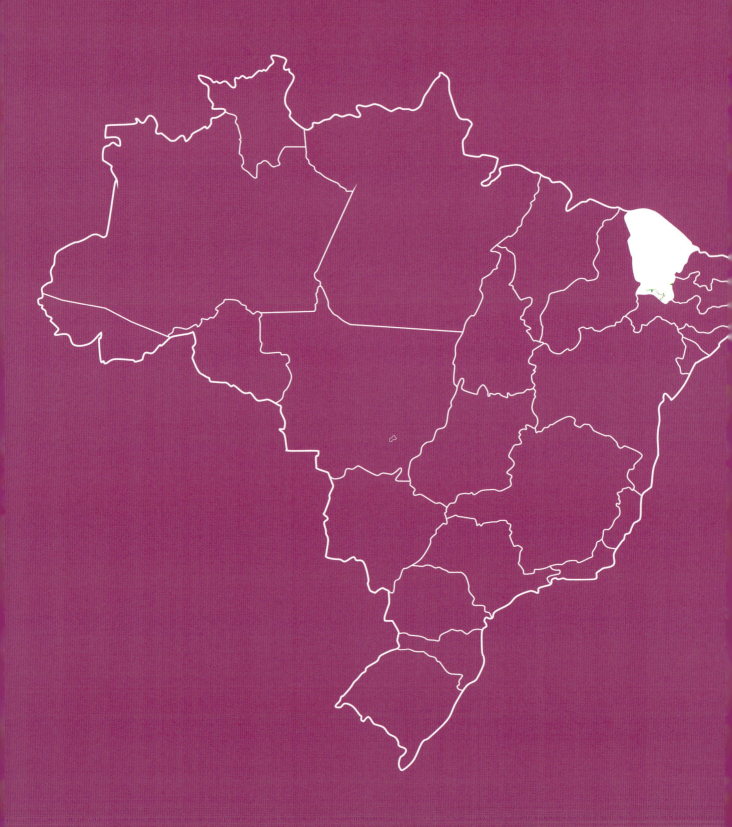

# OS DINOS DO CEARÁ

# CRATOAVE

Os dinossauros herdaram as penas de seus ancestrais protodinossauros. Como um casaco, elas ajudavam a manter o corpo aquecido e serviam de enfeite para torná-los mais bonitos e coloridos na época de namorar.

Mas chegou o tempo em que alguns dinossauros aprenderam a usar as penas para voar. E decolaram para sempre. Tiveram tanto sucesso que estão entre nós até hoje: as aves. Sim, as aves são dinossauros voadores!

Cratoave foi uma dessas, um dinossauro voador do tamanho de um beija-flor. Ser pequeno tinha suas vantagens: precisavam de pouco alimento, eram leves, rápidos, e podiam voar para lugares altos, mais seguros para dormir e construir ninhos.

### Nome científico
*Cratoavis cearensis*

### Significado do nome
Cratoavis significa "ave do Crato", nome da rocha onde seu fóssil foi encontrado. Cearensis, em homenagem ao Estado do Ceará.

### Onde foi encontrado
Sítio paleontológico Pedra Branca, cidade de Nova Olinda.

### Formação geológica
Formação Crato

### Idade
Cretáceo Inferior, 115 milhões de anos

### Comprimento
13 centímetros

Cratoave era um modelo antigo de ave que tinha dentes. Todos os seus ossos e penas se fossilizaram de modo tão especial que um dia os paleontólogos ainda descobrirão suas cores. As aves com dentes foram extintas. Só sobraram as que tinham bico.

## AGORA, IMAGINE SE HOJE, ALÉM DE BICAR, AS AVES TAMBÉM PUDESSEM NOS MORDER!

# ARATASSAURO

Aratassauro morreu com apenas quatro anos. Os paleontólogos sabem disso porque ossos de dinossauros podem exibir anéis de crescimento, como acontece com o tronco das árvores. Um osso do seu pé tem quatro anéis, um para cada ano. As rochas onde seus ossos foram encontrados estão repletas de fósseis de plantas queimadas. Ele pode ter morrido durante um grande incêndio na floresta onde morava.

**Deve ter sido um dia trágico para muitos animais.**

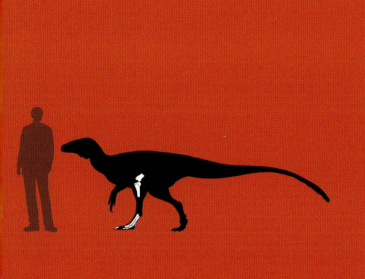

**Nome científico**
*Aratasaurus museunacionali*

**Significado do nome**
Aratasaurus significa "lagarto nascido do fogo." Museunacionali é uma homenagem ao Museu Nacional do Rio de Janeiro, nosso mais antigo museu de história natural, destruído por um incêndio em 2018.

**Onde foi encontrado**
Sítio paleontológico Mina Pedra Branca, Santana do Cariri.

**Formação geológica**
Formação Romualdo

**Idade**
Cretáceo, 110 milhões de anos

**Comprimento**
3,2 metros

Milhões de anos após sua morte, Aratassauro teve que enfrentar as chamas novamente. O museu onde seus ossos estavam guardados foi destruído por um incêndio, só que dessa vez ele sobreviveu.

# MEGARRAPTOR

Durante o Cretáceo, a vida no Ceará era complicada para quem não era um megarraptor. Diferentemente dos outros caçadores, esses carnívoros tinham megabraços megafortes equipados com megagarras afiadas e curvas. Uma máquina de caçar.
Era melhor nunca se encontrar com um bicho desses.

Um dos mistérios das rochas do Ceará é que, exceto pelo minúsculo Cratoave, nunca um esqueleto de dinossauro foi encontrado completo. É difícil entender por que isso acontecia, mas é possível imaginar.

Depois que morriam, alguns dinossauros eram levados pelos rios até um grande lago, onde flutuavam para longe da praia, soprados pelo vento ou arrastados pelos peixes que comiam sua carne.

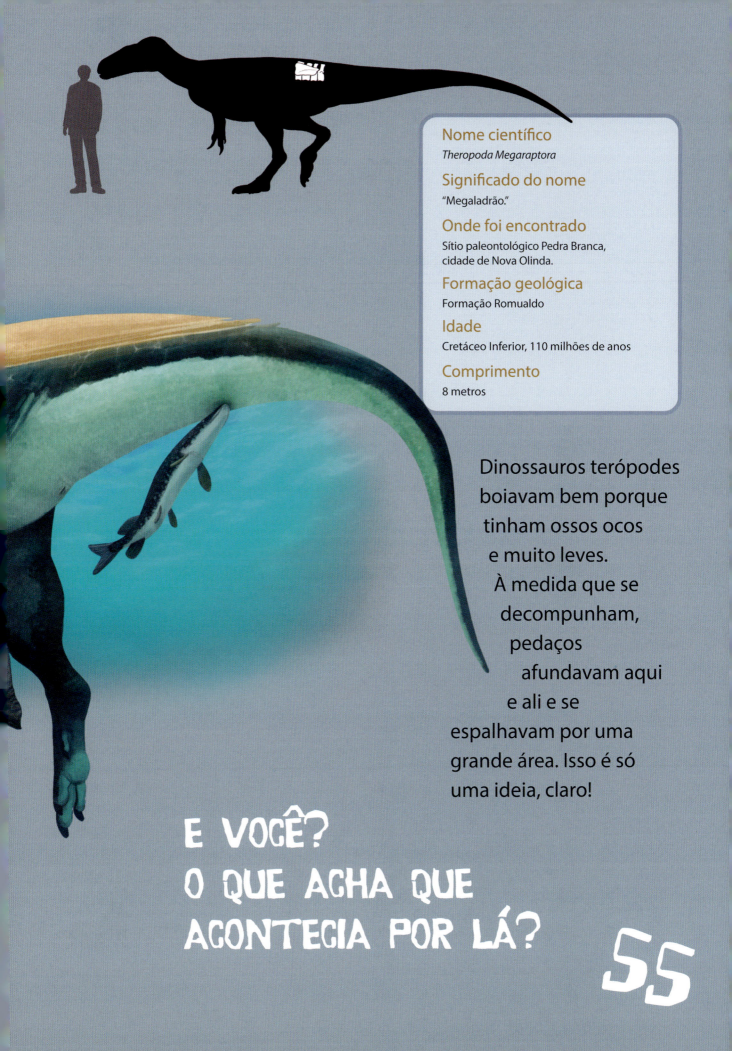

**Nome científico**
*Theropoda Megaraptora*

**Significado do nome**
"Megaladrão."

**Onde foi encontrado**
Sítio paleontológico Pedra Branca, cidade de Nova Olinda.

**Formação geológica**
Formação Romualdo

**Idade**
Cretáceo Inferior, 110 milhões de anos

**Comprimento**
8 metros

Dinossauros terópodes boiavam bem porque tinham ossos ocos e muito leves. À medida que se decompunham, pedaços afundavam aqui e ali e se espalhavam por uma grande área. Isso é só uma ideia, claro!

E VOCÊ? O QUE ACHA QUE ACONTECIA POR LÁ?

# OS DINOS
# DO MARANHÃO

# ITAPEUASSAURO

Itapeuassauro foi um diplodocoide, um tipo de dinossauro raro da nossa pré-história. Eram monstros pescoçudos como os titanossauros, mas com a cauda mais longa e muito fina.

Alguns paleontólogos acreditam que essa cauda era usada como chicote. Quando predadores se aproximavam dos filhotes, o primeiro aviso que davam era uma chicotada no ar. *Plaft!* O forte estalo podia ser ouvido a centenas de metros de distância. Recado enviado.
Se não funcionasse, um golpe certeiro quebrava o pescoço de um grande predador ou então jogava para longe pequenos predadores que o atacavam em grupo. Ele bem que avisou!
Os fortes estalos podiam servir também para disciplinar filhotes atrevidos ou para chamar no final da tarde os membros da manada até o lugar onde passariam a noite.

## Nome científico

*Itapeuasaurus cajapioensis*

## Significado do nome

Uma homenagem à praia de Itapeua, na cidade de Cajapió, onde seus fósseis foram encontrados.

## Onde foi encontrado

Sítio paleontológico Praia de Itapeua, cidade de Cajapió.

## Formação geológica

Formação Alcântara

## Idade

Cretáceo Superior, 95 milhões de anos

## Comprimento

10 metros

PLAFT! TODO MUNDO PRA CAMA!

# CARCARODONTOSSAURÍDEO

Se um predador monstruoso viveu no Brasil, esse foi um carcarodontossaurídeo. Dinos como esse não tinham apenas o nome longo; eles chegavam a 14 metros de comprimento, maiores até mesmo que a Sue, o maior Tiranossauro rex conhecido.

Carcarodontossaurídeos viveram pelo mundo entre 130 e 90 milhões de anos atrás e foram os maiores predadores terrestres desse tempo. Porém, há cerca de 90 milhões de anos o clima mudou.

Foi nesse tempo que os carcarodontossaurídeos sumiram do mapa.

**Nome científico**
*Theropoda Carcharodontosauridae*

**Significado do nome**
Carcarodontossaurídeo significa "lagarto com dente de *Carcharodon*". *Carcharodon* foi um tubarão gigante já extinto que possuía dentes enormes.

**Onde foi encontrado**
Sítio paleontológico Laje do Coringa, ilha do Cajual.

**Formação geológica**
Formação Alcântara

**Idade**
Cretáceo Superior, 100 milhões de anos

**Comprimento**
12 metros

# QUANDO O CLIMA MUDA, NÃO TEM ESCAPATÓRIA: MUITAS PLANTAS E ANIMAIS SÃO EXTINTOS.

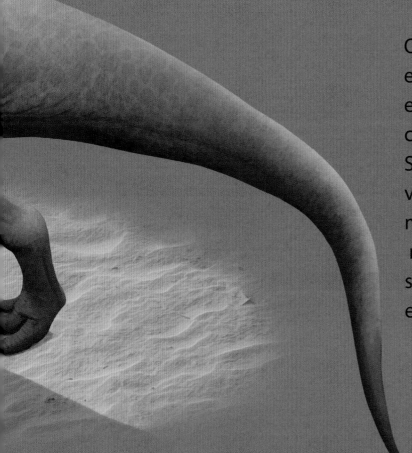

Os fósseis desse gigante são encontrados na ilha do Cajual, em uma rocha repleta de ossos chamada Laje do Coringa. São tantos ossos ali que às vezes lembram um pé de moleque, só que feito de rocha e osso. Dentes fósseis são os únicos sinais de que esses bichos andaram por ali.

# OXALAIA

Oxalaia foi o nosso maior predador, um dinossauro que adorava comer peixes. Ele é primo de um dos dinossauros mais famosos do mundo, o Spinossauro, que viveu na mesma época, só que na África. Há muitos sinais que estes dinos eram pescadores e gostavam muito da água. Seu focinho era longo e pontiagudo, como o de jacaré.

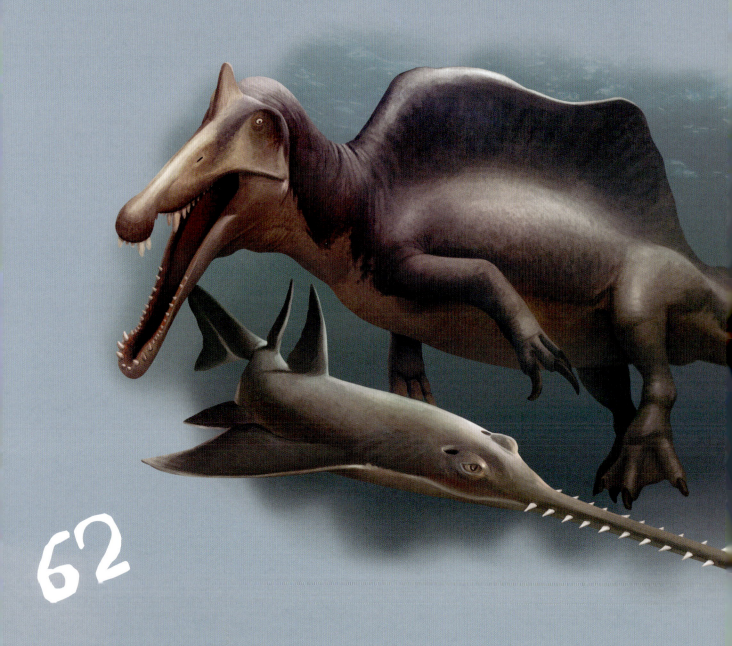

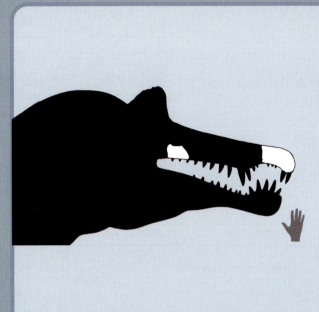

### Nome científico
*Oxalaia quilombensis*

### Significado do nome
Oxalaia é uma homenagem ao ser mitológico africano chamado Oxalá, e quilombensis é uma referência às comunidades quilombolas que vivem na região onde os fósseis foram encontrados.

### Onde foi encontrado
Sítio paleontológico da Laje do Coringa, ilha do Cajual.

### Formação geológica
Formação Alcântara

### Idade
Cretáceo Superior, 100 milhões de anos

### Comprimento
14 metros

Seus dentes eram cônicos e não tinham serrilhas, como os de jacaré. Sua cauda era comprida e balançava para os lados para impulsioná-lo na água, como faz o jacaré.

Até pouco tempo atrás, acreditavam que o Oxalaia e Spinossauro eram dinossauros como os outros, que entravam na água só de vez em quando. Hoje sabemos que os dois eram dinossauros aquáticos. Oxalaia gostava muito de comer Atlanticopristis, um tubarão-serra.

# O DINO DO PARANÁ

# VESPERSAURO

Se teve um dinossauro estranho no Brasil, esse foi o Vespersauro. Não porque tinha chifres ou placas esquisitas, mas pelo modo como andava. Ele era um monodáctilo funcional. Como todos os dinossauros terópodes, Vespersauro tinha três dedos com garras nos pés, mas, enquanto caminhava, apoiava o corpo em apenas um dos dedos. É estranho ou não é? Vespersauro era um Noassaurídeo, uma família pouco conhecida de dinossauros.

## MONODÁCTILOS SÃO RAROS HOJE EM DIA.

O canguru é um deles. Bicho esquisito, tem apenas um dedo em cada pata, que usa para saltar em alta velocidade. Os cavalos também; mas não tão esquisitos: um dedo em cada pata fez deles animais ágeis e velozes.

### Nome científico
*Vespersaurus paranaensis*

### Significado do nome
Vespersauro significa "lagarto do oeste", em homenagem à cidade de Cruzeiro do Oeste, onde foi encontrado. Paranaensis se refere ao Estado do Paraná.

### Onde foi encontrado
Cidade de Cruzeiro do Oeste.

### Formação geológica
Formação Rio Paraná

### Idade
Cretáceo Inferior, 80 milhões de anos

### Comprimento
1,5 metro

Quem sabe o Vespersauro não precisava ser ágil e rápido para capturar as presas no deserto onde morava? Ou será que andava assim para evitar queimar os dedos nas areias superquentes? O que você acha?

Vespersauro é o primeiro dinossauro paranaense. Ele trouxe esse Estado para o privilegiado Clube dos Dinossauros.

# OS DINOS DE MINAS

# NOASSAURÍDEO

Terópodes noassaurídeos viveram por todo o Brasil durante o Cretáceo Superior. Sabemos disso porque seus dentes são encontrados em várias regiões. Essa espécie era um primo mineiro do ilustre paranaense Vespersauro. Quase todo mundo tem um primo que mora em Minas Gerais, e com os dinossauros não foi diferente.

Mas esse mineirinho teve um outro primo ainda mais famoso, o Masiakassauro, um dino dentuço que viveu em Madagascar. Seus dentes eram projetados para a frente e ninguém sabe ao certo como eram usados, se para agarrar peixes ou para retirar larvas de insetos das árvores.

Ainda não sabemos se os noassaurídeos que viveram no Brasil eram assim, pois nunca um crânio completo foi encontrado em rochas brasileiras. Quem sabe no futuro será você o paleontólogo que o descobrirá?

**Nome científico**
*Theropoda Abelisauroidea*

**Significado do nome**
"Lagarto do noroeste da Argentina", onde o primeiro noassaurídeo, Noasaurus, foi encontrado

**Onde foi encontrado**
Sítio paleontológico da Fazenda Seis Irmãos Grotas, cidade de Campina Verde.

**Formação geológica**
Formação Adamantina

**Idade**
Cretáceo Superior, 80 milhões de anos

**Comprimento**
2 metros

TER UM PRIMO EM MINAS GERAIS NÃO É LÁ MUITO DIFÍCIL, MAS QUEM TEM UM PRIMO EM MADAGASCAR?

# MEGARRAPTOR

Um megarraptor precisava de pelo menos 25 quilos de carne por dia para sobreviver. Três vezes o cardápio de um leão. Mas é intrigante que nas rochas onde seu esqueleto foi encontrado não existem muitas evidências de dinossauros herbívoros que pudessem lhe servir de alimento. Um carnívoro precisa de carne. Caçador sem presa não funciona. Como explicar? Talvez esse megarraptor não estivesse na região onde costumava caçar quando morreu.

PODE SER QUE NESSE DIA ANDASSE LÁ POR OUTRA RAZÃO. VAMOS PENSAR.

**Nome científico**
*Theropoda Megaraptora*

**Significado do nome**
"Megaladrão."

**Onde foi encontrado**
Uberaba, em uma área onde um hospital estava em construção.

**Formação geológica**
Formação Uberaba

**Idade**
Cretáceo Superior, 83 milhões de anos

**Comprimento**
6 metros

Nas mesmas rochas onde seu esqueleto estava os paleontólogos encontraram fósseis de ovos alongados, iguais aos de dinossauros terópodes como os megarraptores.

Pode ser que visitassem essa região para acasalar, construir ninhos e ter filhotes longe da vida agitada das áreas de caça. Por alguma razão, um deles morreu, talvez durante uma briga com outro megarraptor na disputa por uma fêmea. Nenhum paleontólogo disse que os ovos são mesmo de megarraptores, mas também ninguém disse que não eram. Então, com algum cuidado, podemos imaginar essa história.
O que você acha?

# SPECTROVENATOR

O esqueleto do Spectrovenator é bem pequeno, talvez porque esse dinossauro tenha morrido ainda jovem, com apenas dois ou três anos de idade. Ele fazia parte da linhagem poderosa dos caçadores abelissaurídeos, como seus primos brasileiros Thanos e Picnonemossauro. Certamente conviveu com Neokotus, o mais antigo lagarto conhecido da América do Sul, numa região com árvores e lagos.

Mas esse jovem exemplar do Spectrovenator teve um fim trágico. Seu esqueleto foi descoberto esmagado debaixo de um dinossauro pescoçudo, o Tapuiassauro. Ele pode ter se distraído quando participava de uma caçada com spectrovenatores mais velhos.

Esgotado pela luta, o Tapuiassauro deve ter desabado sobre ele, e então... já era! Seu fóssil tem ainda outro mistério a ser explicado: ele morreu com um dos pés dentro da própria boca!

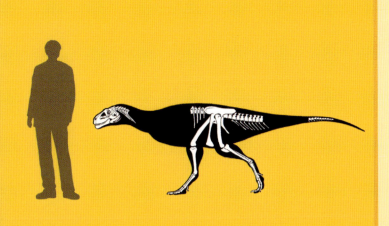

### Nome científico
*Spectrovenator ragei*

### Significado do nome
Spectrovenator, o "caçador-fantasma", e ragei, em homenagem ao paleontólogo francês Jean-Claude Rage.

### Onde foi encontrado
Cidade de Coração de Jesus.

### Formação geológica
Formação Quiricó, bacia Sanfranciscana

### Idade
Cretáceo Inferior, 130 milhões de anos

### Comprimento
2 metros

## POR QUE SERÁ QUE ISSO ACONTECEU?

75

# OS DINOS PAULISTAS

# BRASILOTITÃ

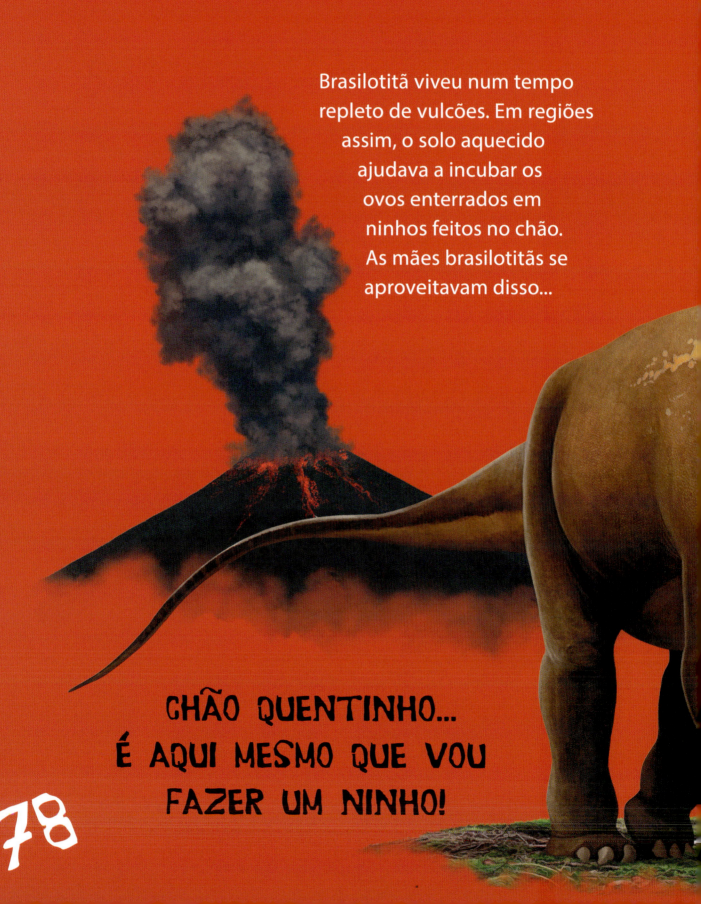

Brasilotitã viveu num tempo repleto de vulcões. Em regiões assim, o solo aquecido ajudava a incubar os ovos enterrados em ninhos feitos no chão. As mães brasilotitãs se aproveitavam disso...

CHÃO QUENTINHO...
É AQUI MESMO QUE VOU FAZER UM NINHO!

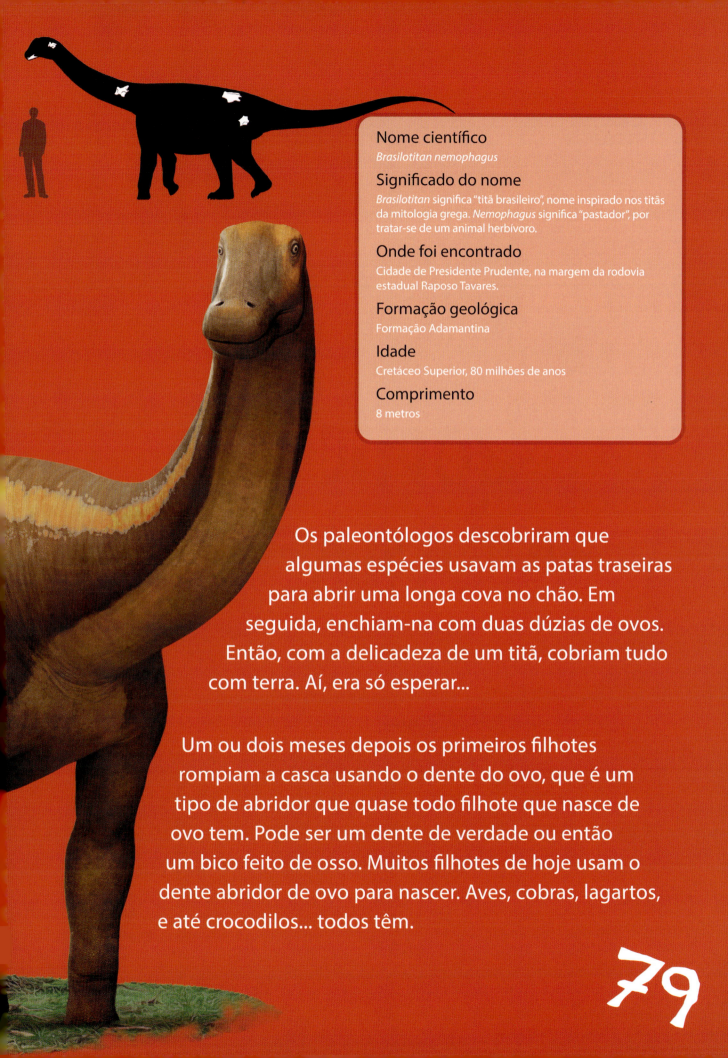

### Nome científico
*Brasilotitan nemophagus*

### Significado do nome
*Brasilotitan* significa "titã brasileiro", nome inspirado nos titãs da mitologia grega. *Nemophagus* significa "pastador", por tratar-se de um animal herbívoro.

### Onde foi encontrado
Cidade de Presidente Prudente, na margem da rodovia estadual Raposo Tavares.

### Formação geológica
Formação Adamantina

### Idade
Cretáceo Superior, 80 milhões de anos

### Comprimento
8 metros

Os paleontólogos descobriram que algumas espécies usavam as patas traseiras para abrir uma longa cova no chão. Em seguida, enchiam-na com duas dúzias de ovos. Então, com a delicadeza de um titã, cobriam tudo com terra. Aí, era só esperar...

Um ou dois meses depois os primeiros filhotes rompiam a casca usando o dente do ovo, que é um tipo de abridor que quase todo filhote que nasce de ovo tem. Pode ser um dente de verdade ou então um bico feito de osso. Muitos filhotes de hoje usam o dente abridor de ovo para nascer. Aves, cobras, lagartos, e até crocodilos... todos têm.

# AUSTROPOSSEIDON

Austroposseidon foi um gigante. Os herbívoros não tinham muitas armas para se defender. Por isso, o jeito era crescer.

Eles pesavam dezenas de toneladas e comiam centenas de quilos de folhas e ramos por dia. O resultado no final do dia eram enormes montanhas de cocô, imensas poças de xixi e, claro, um vendaval de puns!

Existem dois tipos de pum: os fedorentos, feitos com enxofre, e os que não têm cheiro de nada. O pum sem cheiro é feito de gás metano. Embora ninguém o perceba, ele é um poderoso gás do efeito estufa, o tipo de gás que causa o aumento da temperatura que faz derreter as geleiras nos polos.

Alguns paleontólogos acreditam que dinossauros gigantes soltaram tantos puns que provocaram o aquecimento global durante o Cretáceo. É mais ou menos o que 1 bilhão de bois fazem hoje em todo o mundo...

### Nome científico
*Austroposeidon magnificus*

### Significado do nome
Austroposseidon significa "o deus do terremoto do sul". Magnificus é uma referência ao seu grande tamanho.

### Onde foi encontrado
Cidade de Presidente Prudente, na margem da rodovia estadual Raposo Tavares.

### Formação geológica
Formação Presidente Prudente

### Idade
Cretáceo Superior, 70 milhões de anos

### Comprimento
25 metros

PENSE BEM: PARA CADA BIFE QUE VOCÊ COME, UM BOI SOLTOU PELO MENOS UM PUM.

# THANOS

Thanos foi um dinossauro do tipo "baixinho e invocado". Não era tão grande, mas era um abelissaurídeo, uma linhagem superperigosa de dinossauros predadores. Por ser pequeno, Thanos podia ser especialista em capturar filhotes de dinossauros ou de outros animais.

## OU, ENTÃO, ERA UM ESPERTO ESTRATEGISTA.

Nos finais de tarde, quando as montanhas barravam a luz do sol e o lusco-fusco dos vales impedia que os animais enxergassem bem à distância, a turma saía para bagunçar.

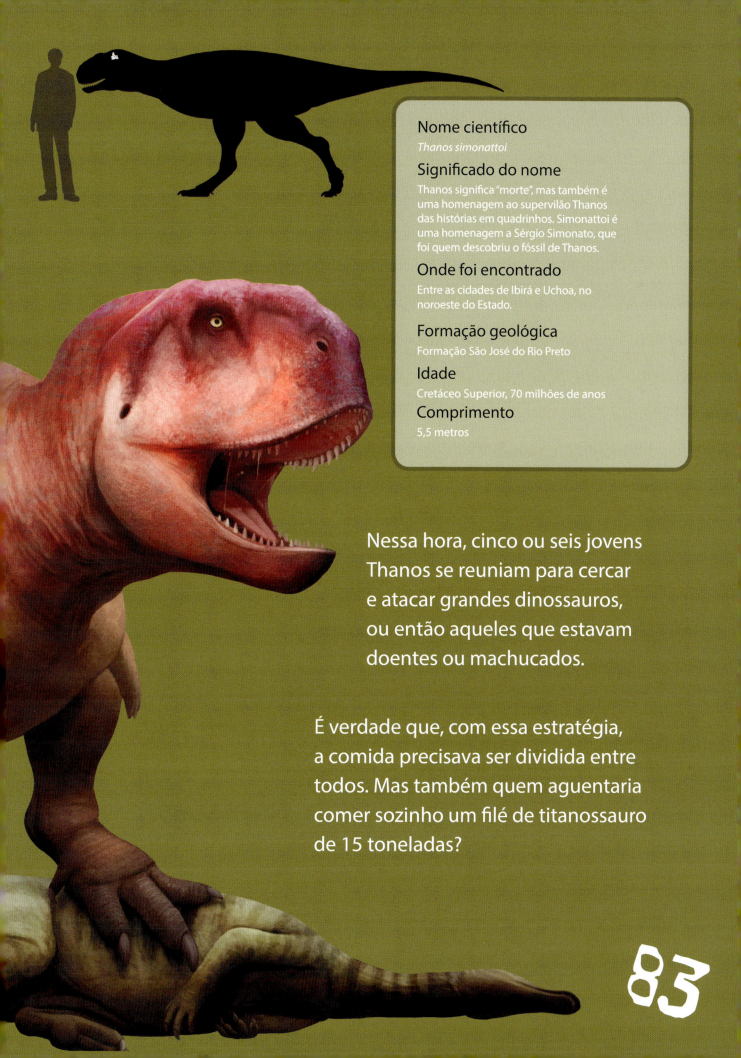

### Nome científico
*Thanos simonattoi*

### Significado do nome
Thanos significa "morte", mas também é uma homenagem ao supervilão Thanos das histórias em quadrinhos. Simonattoi é uma homenagem a Sérgio Simonato, que foi quem descobriu o fóssil de Thanos.

### Onde foi encontrado
Entre as cidades de Ibirá e Uchoa, no noroeste do Estado.

### Formação geológica
Formação São José do Rio Preto

### Idade
Cretáceo Superior, 70 milhões de anos

### Comprimento
5,5 metros

Nessa hora, cinco ou seis jovens Thanos se reuniam para cercar e atacar grandes dinossauros, ou então aqueles que estavam doentes ou machucados.

É verdade que, com essa estratégia, a comida precisava ser dividida entre todos. Mas também quem aguentaria comer sozinho um filé de titanossauro de 15 toneladas?

# CELUROSSAURO

Cento e quarenta milhões de anos atrás, um imenso deserto de dunas cobria metade do território brasileiro. Não houve na história do mundo deserto maior, mais quente e mais seco do que esse.

## MAS LÁ ESTAVAM OS DINOSSAUROS!

O surpreendente é que nunca, jamais, um osso, um dente, uma escama, um nada foi encontrado nas rochas que nasceram das areias desse deserto.

Os paleontólogos sabem que os dinossauros existiram ali porque descobriram outros sinais deixados por eles: milhares de pegadas. Grandes ou pequenas, próximas ou espaçadas, com um, dois, três, quatro ou cinco dedos, com garras ou não, redondas ou alongadas, as pegadas sempre têm algo a nos dizer.

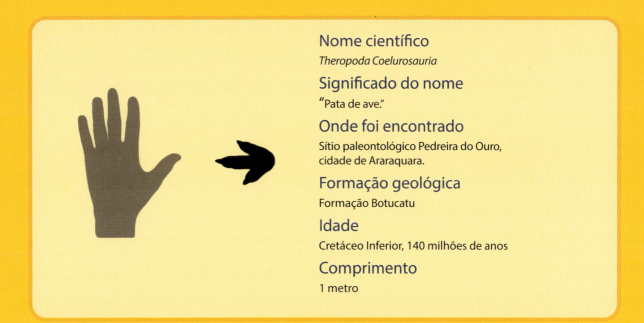

**Nome científico**
*Theropoda Coelurosauria*

**Significado do nome**
"Pata de ave."

**Onde foi encontrado**
Sítio paleontológico Pedreira do Ouro, cidade de Araraquara.

**Formação geológica**
Formação Botucatu

**Idade**
Cretáceo Inferior, 140 milhões de anos

**Comprimento**
1 metro

Seja como for, revelam muito sobre o tipo de dinossauro que pisou ali. Seu tamanho, se era carnívoro ou herbívoro, se corria ou caminhava, se tinha penas, se era comum ou raro na região. Mas o melhor de tudo é que nos dizem que muitos dinossauros viveram nesse tempo da pré-história brasileira.

# ORNITÓPODE

As rochas do superdeserto não guardaram pegadas só de dinossauros. Mamíferos, lagartos, aranhas, escorpiões e pequenos besouros também perambulavam naquelas areias.

Mas um dinossauro ornitópode deixou um outro tipo de marca por lá. A incrível marca de um xixi, de um dia em que estava apertado e mandou ver ali mesmo na duna onde caminhava.

Xixi, como assim? Sim! Dinossauros faziam xixi! A marca é enorme, e só um bicho grande pode ter feito tanto xixi. Pegadas enormes só o dinossauro ornitópode pode ter deixado por lá. Não tem erro, foi ele mesmo!

### Nome científico
*Ornithischia Ornithopoda*

### Significado do nome
Ornitópode significa "pata de ave", porque deixam marcas com apenas três dedos.

### Onde foi encontrado
Sítio paleontológico Pedreira do Ouro, cidade de Araraquara.

### Formação geológica
Formação Botucatu

### Idade
Cretáceo Inferior, 140 milhões de anos

### Comprimento
7 metros

## ESSA MARCA DE XIXI É CONSIDERADA UM DOS FÓSSEIS MAIS ESQUISITOS DO MUNDO.

Se você acha essa história estranha e tiver outra ideia, escreva para um paleontólogo explicando sua teoria. Só não se esqueça de reunir boas evidências para comprová-la.

# AS EXPLOSÕES VULCÂNICAS E O IMPACTO DE UM GRANDE ASTEROIDE QUASE COLOCARAM UM PONTO-FINAL NA VIDA ANIMAL. QUASE...

Mesmo com poucos sobreviventes, os bichos seguiram em frente. Essa já era a quinta vez que a Terra enfrentava uma grande extinção. Mas os dias nasceram bonitos novamente, e lá estavam os dinossauros... Em tempo de crise, eles souberam se virar, encontrar comida, cuidar dos filhotes, correr ou voar para lá e para cá. E lá também estavam os pequeninos mamíferos. Depois de 150 milhões de anos escondidos em tocas e tocos, puderam explorar o mundo durante o dia, de igual para igual com os dinossauros voadores. Desde então, já se passaram 65 milhões de anos...

**Julio Lacerda Cavalcante**, designer gráfico e ilustrador, ingressou na paleoarte ainda jovem, aos 17 anos. Almejando aliar a liberdade da reconstrução de animais extintos com a essência do naturalismo presente em documentários sobre a vida selvagem, busca representar dinossauros como seres vivos complexos e realistas em aparência e comportamentos, protagonizando cenas corriqueiras. Suas ilustrações já foram publicadas e expostas em diversos países, como Japão (exposição *Pterossauros*, no Museu dos Dinossauros da Província de Fukui), Reino Unido (livro *All your yesterdays*, da editora Irregular Books) e Estados Unidos (publicação sobre o dinossauro *Siats meekerorum*, do Museu de Ciências Naturais da Carolina do Norte). Amante da natureza e assíduo viajante, Julio procura ao ar livre a inspiração para suas obras.

**Luiz Eduardo Anelli** é biólogo, paleontólogo, escritor e professor do Instituto de Geociências da USP. Organizou diversas exposições, como *Dinos na Oca*, no parque do Ibirapuera (São Paulo) e *A evolução dos dinossauros*, no Sabina Escola Parque do Conhecimento (Santo André), onde montou o único esqueleto de *Tyrannosaurus rex* em exposição permanente na América do Sul. Há 25 anos ocupa boa parte do seu tempo dando aulas e escrevendo livros sobre os dinossauros e a pré-história brasileira, como *O guia completo dos dinossauros do Brasil, Dinossauros e outros monstros, Dinos do Brasil, ABCDinos* e *ABCD Espaço*, todos pela Editora Peirópolis. Em 2018 foi vencedor do prêmio Jabuti com o livro *O Brasil dos dinossauros*. Anelli é ciclista amador e colabora, por isso, com a qualidade do ar e do trânsito na cidade onde mora, São Paulo.

Copyright © 2020 do texto Luiz E. Anelli
Copyright © 2020 das ilustrações Julio Lacerda

Editora
Renata Farhat Borges

Projeto gráfico e editoração eletrônica
Fernanda Moraes

Revisão
Mineo Takatama

1ª edição, 2020

Editado conforme o Acordo Ortográfico da Língua Portuguesa de 2009.

Também disponível em e-book nos formatos Epub (978-65-86028-10-2) e KF8 (978-65-86028-11-9).

---

Dados Internacionais de Catalogação na Publicação (CIP)
de acordo com ISBD

---

A578n    Anelli, Luiz E.

Novos dinos do Brasil: Outras boas histórias com a descoberta de novos dinossauros / Luiz E. Anelli ; ilustrado por Julio Lacerda. - São Paulo : Peirópolis, 2020.
    96 p. : il. ; 20,5cm x 28cm

ISBN: 978-65-86028-09-6

1. Literatura infantil. 2. Paleontologia. 3. Dinossauros. 4. Pré-história. 5. Dinossauros brasileiros. 6. Natureza.
I Lacerda, Julio. II. Título.

|  | CDD 028.5 |
|---|---|
| 2020-1514 | CDU 82-93 |

---

**Elaborado por Vagner Rodolfo da Silva - CRB-8/9410**

Índice para catálogo sistemático:
  1. Literatura infantil 028.5
  2. Literatura infantil 82-93

Editora Peirópolis Ltda.
Rua Girassol, 310F – Vila Madalena
05433-000 – São Paulo – SP
tel.: +55 (11) 3816-0699
vendas@editorapeiropolis.com.br
www.editorapeiropolis.com.br